Dr. Christine Jaitner

Wiesenblumen

SEHEN UND VERSTEHEN

KOMPASS Naturführer

Die Autorin **Dr. Christine Jaitner,** geboren 1952, studierte in Innsbruck Zoologie und Systematische Botanik. Sie promovierte auf dem Gebiet der Protozoologie.

Impressum
Ausstattung:
71 Abbildungen
2 Farbtafeln
1 Zeichnung

Texte: Dr. Christine Jaitner, Patsch
Farbtafeln und Illustration: Heinz Schwanninger, Absam
Gesamtleitung und Redaktion: Reinhard Strohmeier, KOMPASS-Karten GmbH

Bildnachweis/Farbfotos:
Titelbild: Pechnelke (A. Limbrunner)
Bernardinatti: S 26, 28, 63 • Bildagentur Dr. Wagner: S 13, 22, 30, 31, 58, 62 • Bildarchiv Fiebrandt: S 18, 23-25, 29, 52, 54, 57 • Deflorian: S 14, 38 • Geissler: S 17 • Haas: S 73 • Limbrunner A.: S 8-10, 12, 15, 16, 19, 20, 27, 32-34, 36, 37, 39, 40, 43-48, 51, 53, 55, 56, 59-61, 64-66, 68, 69, 71, 72, 77 • Limbrunner H.: S 11, 35, 41, 42, 49, 67, 70, 74 • Schmidt: S 75, 76 • Zeininger: S 21.

A-6063 Rum/Innsbruck
Fax 0043 (0)512/265561-8
e-mail: kompass@kompass.at
www.kompass.at

7. Auflage 2002

Fotosatz: Raggl Supertype GmbH & Co. KG, Innsbruck
Reproduktionen: Tiroler Repro Druckformen GmbH, Innsbruck
Druck: Printers s. r. l., Trento

Verlagsnummer 1102
ISBN 3-85491-574-8

Lieber Naturfreund!

Im KOMPASS-Naturführer „Wiesenblumen“ finden Sie überwiegend Blumen, die in der Wiese wachsen, also einer Pflanzengesellschaft, die vorwiegend aus einem dichten Bewuchs aus Gräsern und blühenden Pflanzen besteht, in der vereinzelt auch Holzgewächse vorkommen können. Es sind aber auch einige Pflanzen aufgenommen worden, die an Wegrändern, Äckern, Schuttplätzen wachsen.

Eine Wiese im eigentlichen Sinn ist keine Mäh- oder Futterwiese, die regelmäßig durch den Bauern bewirtschaftet wird. Meist sind derartige Wiesen nur noch oberhalb der Baumgrenze zu finden.

Durch die Bewirtschaftung mit Maschinen, Düngung, Einsatz chemischer Mittel sowie durch gezieltes Säen von eiweißreichen Pflanzen und speziellen Gräsern wird hier eine künstliche Pflanzengesellschaft erzeugt, in der aber die abgebildeten Pflanzen vorkommen können. So finden sich in derart verarmten Wiesen nur mehr 50—100 verschiedene Arten, in wenig bewirtschafteten Wiesen dagegen bis zu 1500 Arten. Werden Wiesen abwechselnd gemäht und beweidet, entstehen große Schäden an der Population durch Verbiß und Tritt, so daß es für die Vegetation schwer ist, sich ausreichend zu regenerieren.

In diesem Band sind 70 Pflanzen dargestellt, nach Farben unterschieden. Die einzelnen Farbabschnitte richten sich nach der Blütenfarbe. Die Pflanzen sind in Wort und Bild beschrieben, wobei darauf geachtet wurde, daß die Abbildungen möglichst naturgetreu sind und mit dem Text eine Einheit bilden.

Die Benennung erfolgt mit dem gebräuchlichsten deutschen Namen und der wissenschaftlichen Bezeichnung, die sich aus dem Gattungsnamen (z. B. Primula) und dem Artennamen (z. B. veris) zusammensetzt. Sie erhalten außerdem Hinweise über Höhe, Blütenzeit (in Monaten), Standort sowie eventuelle Besonderheiten.

Die Rubriken „Gesehen am“ und „Ort“ geben Ihnen die Möglichkeit, Ihre Beobachtungen an Ort und Stelle einzutragen.

Viel Freude bei der Benennung der Pflanzen!

Die vorkommenden Pflanzenfamilien in systematischer Reihenfolge

Hahnenfußgewächse (Ranunculaceae)
Kräuter, Stauden, selten holzig, Blätter wechsel- oder gegenständig, zwittrig, Blüten radiär bis zygomorph, Blütenhülle einfach oder doppelt, oft besonders gestaltete Honigblätter mit Honiggrube, Fruchtknoten 1 bis viele, frei, Balg-, Nußfrüchte, selten Beeren.

Mohngewächse (Papaveraceae)
Kräuter oder Stauden, häufig Milchsaft, zwittrig, radiär oder zygomorph, Kelchblätter fallen früh ab, 4 Blütenblätter, 4 bis viele Staubblätter, oberständiger Fruchtknoten, Kapseln oder Nüsse.

Rosengewächse (Rosaceae)
Kräuter, Stauden, Holzgewächse, Blätter wechselständig, Nebenblätter, zwittrig, Blüten radiär, doppelte Blütenhülle, 5 bis viele Staubblätter, Fruchtknoten 1 bis viele, Blütenachse oft bei der Fruchtbildung beteiligt, Frucht Nüsse oder Nüßchen, Steinfrucht, Sammelfrucht, Scheinfrucht.

Schmetterlingsblütler (Fabaceae)
Kräuter, Stauden, Holzpflanzen, Blätter wechselständig, oft 2zeilig, Nebenblätter, Blüten zygomorph, Fahne, Schiffchen, Flügel, Staubfäden 9 verwachsen + 1 freier, 1 Fruchtknoten, Hülse.

Weiderichgewächse (Lythraceae)
Kräuter, Stauden, Blätter gegenständig, selten in Quirlen, ganzrandig, Blüten radiär, zwittrig, schalen- oder röhrenförmige Achsenbecher, doppelte Blütenhülle, auch einfach, meist doppelt soviel Staubblätter wie Blütenblätter, Fruchtblätter 2, Kapsel.

Nelkengewächse (Caryophyllaceae)
Kräuter, Stauden, Blätter meist ungeteilt, gegenständig oder in Quirlen, Blüten radiär, oft doppelte Hülle, 4—5zählige Blüte und Kelch, Kelch frei oder verwachsen, 4, 5, 10 oder fehlende Kronblätter, Nebenkronen möglich, 5 oder 10 Staubblätter, meist Kapsel mit Zähnen.

Knöterichgewächse (Polygonaceae)
Kräuter, Stauden, deutlich verdickte Knoten, wechselständige Blätter, am Grund mit stengelumfassender Röhre, kleine Blüten, zwittrig oder eingeschlechtlich, 3—6 Blütenhüllblätter, oberständiger Fruchtknoten, umhüllte Nußfrucht.

Veilchengewächse (Violaceae)
Kräuter, Blätter oft Nebenblätter, einzelne Blüten, lang gestielt, zygomorph, nickend, 5 Kelchblätter, 5 Blütenblätter mit Sporn, 5 Staubblätter, untere ragen in den Sporn, 3blättrige Kapsel.

Zistrosengewächse (Cistaceae)
Kräuter, Halbsträucher, Sträucher, Blätter gegenständig oder wechselständig, manchmal Nebenblätter, radiäre Blüten, ungleiche Kelchblätter, 5 Kronblätter, viele Staubblätter, Kapsel.

Kreuzblütengewächse (Brassicaceae)
Kräuter, Stauden, selten Halbsträucher, wechselständige Blätter, Blüten in Trauben, selten Tragblätter, 4 Kelch- und Kronblätter, 4 lange und 2 kurze Staubblätter in 2 Kreisen, oft Honigdrüsen, oberständiger Fruchtknoten mit falscher Scheidewand, Schoten oder Schötchen.

Primelgewächse (Primulceae)
Kräuter, Stauden, Blätter oft in Rosetten, Blüten einzeln, in Dolden, Rispen, ährigen Ständen, radiär, zwittrig, 5zählige Blüte, oberständiger Fruchtknoten, Kapsel.

Storchschnabelgewächse (Geraniaceae)
Kräuter, Stauden, Blätter wechsel- oder gegenständig, gefiedert oder handförmig geteilt, Nebenblätter, Blüten radiär, 5zählig, oberständiger Fruchtknoten, schnabelartig, Frucht einsamige Teilfrucht.

Leingewächse (Linaceae)
Kräuter, Stauden, Blätter wechselständig, selten gegenständig, Blüten zwittrig, radiär, 5zählig, 4, 5, 10 Staubblätter, Staubböden teilweise zu Röhre, oberständiger Fruchtknoten, Kapsel.

Kreuzblümchengewächse (Polygalaceae)
Kräuter, Halbsträucher, Blätter wechselständig, oft wintergrün, Blüten zygomorph, schmetterlingsförmig, 8 Staubblätter zu offener Röhre, oberständiger Fruchtknoten, Kapsel.

Doldengewächse (Apiaceae)
Kräuter, Stauden, meist gefiederte, oft große Blattscheiden, Stengel hohl, knotig, von Ölgängen durchzogen, Blüten in Köpfchen oder zusammengesetzten Dolden, mit Tragblättern (Hülle oder Hüllchen), radiäre Blüten, zwittrig, Kelch oft fehlend, 5 Staubblätter, 2 Griffel, unterständiger Fruchtknoten, 2fächrig.

Enziangewächse (Gentianaceae)
Kräuter, Stauden, Blätter meist gegenständig, einfach, Blüten radiär, zwittrig, 5zählig, Blüte glocken- oder röhrenförmig, oberständiger Fruchtknoten, Kapsel.

Borretschgewächse (Boraginaceae)
Kräuter, Stauden, meist steif behaart, ungeteilte Blätter, Blüten in Wickeln, radiär oder zygomorph, zwittrig, 5zählig, Blütenröhre oft mit Schlundschuppen, oberständiger Fruchtknoten, Nüsse.

Lippenblütengewächse (Lamiaceae)
Kräuter, Stauden, Halbsträucher, 4kantiger Stengel, meist ungestielte Blüten in den Achseln der Hochblätter, stark zygomorph, selten radiär, Kelch 5zähnig, glockig, 5 Kronblätter zu Ober- und Unterlippe, 2 Fruchtknoten, oberständig, Frucht 4 einsamige Nüßchen.

Braunwurzgewächse (Scrophulariaceae)
Kräuter, Stauden, Blätter wechsel- oder gegenständig, Blüten zygomorph, Kronblätter verwachsen, 2—5 Staubblätter, oberständiger Fruchtknoten, Kapsel.

Sommerwurzgewächse (Orobanchaceae)
Ganzparasiten, nicht grün, schuppige Blätter, Blüten in Ähren oder Trauben, in den Achseln von Tragblättern, Kelch zu Röhre, Krone in Ober- und Unterlippe gegliedert, 4 Staubblätter, paarweise verschieden lang, Kapsel.

Wasserschlauchgewächse (Lentibulariaceae)
Insektenfressende Land- oder Wasserpflanze, Blüten einzeln oder in Trauben, 2lippige Krone mit Sack oder Sporn, Schlund oft verschlossen, 2 Staubblätter, oberständiger Fruchtknoten, Kapsel.

Wegerichgewächse (Plantaginaceae)
Kräuter, Stauden, Blätter wechselständig, in Rosetten, parallelnervig, Blüten in Ähren oder Köpfen, 4zählige Blüte, lange Staubfäden, oberständiger Fruchtknoten, Kapsel oder Nüßchen.

Glockenblumengewächse (Campanulaceae)
Kräuter, Stauden, meist mit Milchsaft, ungeteilte oder gelappte, wechselständige Blätter, Blüten in Trauben, Ähren, Rispen, Köpfchen, Krone glokkig, trichterförmig, verwachsene Staubbeutel, unterständiger Fruchtknoten, Kapsel.

Korbblütlergewächse (Asteraceae)
Kräuter, Stauden, Blätter meist wechselständig, Blüten zu vielen in Köpfchen, das von Hüllblättern umgeben ist. Blüten auf verschiedengeformten Blütenböden mit oder ohne Tragblatt, selten eingeschlechtlich, Kelch nur zu Flugorgan, Blüten röhren- oder zungenförmig, 5 Staubblätter zu Röhre verwachsen, Pollen mittels Fegehaaren entleert, unterständiger Fruchtknoten, Frucht einsamige Schließfrucht mit Pappus.

Einkeimblättrige Pflanzenfamilien

Sauer- und Riedgräser (Cyperaceae)
Kräuter, Stauden an feuchten Standorten, Stengel 3kantig, 3zeigig, gestellte Blätter, meist geschlossene Scheide, kleine Blüten, zwittrig oder eingeschlechtlich, stets mit trockenhäutigem Tragblatt, in Ähren, Spirren oder Köpfchen, Blütenhülle fehlt meist oder als Borsten, 3 Staubblätter, oberständiger Fruchtknoten, Nuß.

Liliengewächse (Liliaceae)
Stauden mit Zwiebeln, Knollen oder Rhizomen, große, auffällige Blüten, 6 Blütenhüllblätter, 6 Staubblätter, 1 Fruchtknoten oberständig, Kapsel oder Beeren.

Amaryllisgewächse (Amaryllidaceae)
Stauden mit Zwiebeln, Blüten wie Liliaceae, Fruchtknoten unterständig.

Orchideengewächse (Orchidaceae)
Stauden mit Wurzelknollen, Blüten zwittrig, zygomorph, in den Achseln von Hochblättern, in Ähren, Blütenhülle in 2–3zähligen Kreisen, mittleres Blatt des inneren Kreises zu gespornter Unterlippe umgestaltet, durch die Fruchtknotendrehung zeigt diese nach unten, 2 Staubblätter oder oft 1, das mit Griffel verwachsen ist. Pollen zu Pollenpaket = Pollinium, Kapsel.

Pflanzenaufbau

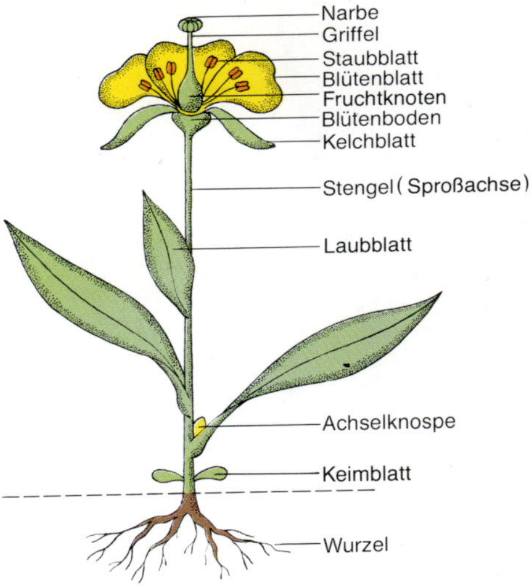

Begriffserklärung:

Zwittrig – männliche und weibliche Blütenteile in derselben Blüte

Einhäusig – männliche und weibliche Blüten auf der gleichen Pflanze

Zweihäusig – männliche und weibliche Blüten auf verschiedenen Pflanzen

† giftig
⚠ geschützt
R gefährdet

Zygomorph – Blüte kann durch Schnitt in 2 spiegelgleiche Teile zerlegt werden

Unterständiger Fruchtknoten – Fruchtknoten befindet sich unterhalb des Blütenbodens

Oberständiger Fruchtknoten – Fruchtknoten befindet sich oberhalb des Blütenbodens

Blütenfarben:

Taubenkröpfiges Leimkraut

Silene vulgaris Nelkengewächs

Merkmale: ausdauernde Pflanze, weiß, 5 Blütenblätter, $^1/_3$ eingeschnitten, 3 Griffel, aufgeblasener, verwachsener, netzadriger, mit 20 Hauptnerven versehener Kelch, zu Trugdolde, gegenständige Blätter, eiförmig, Höhe 20–60 cm. **Frucht:** Kapsel. **Blütezeit:** VI–VIII. **Standort:** Wiesen, Hochstaudenfluren, Wegränder.

Gesehen am:

Ort:

Knoblauchrauke

Alliaria petiolata Kreuzblütler

Merkmale: ausdauernde Pflanze, zwittrig, weiß, Blüte 4zählig, Kelchblätter halb so lang wie Kronblätter, Blüten in Traube, Blätter herzförmig, gestielt, stumpf gezähnt, bei Zerreiben nach Knoblauch riechend, Höhe 70–90 cm. **Blütezeit:** V–VII. **Standort:** feuchte Laubwälder und Gebüsch.

Gesehen am:

Ort:

Wiesen-Bärenklau

Heracleum sphondylium Doldengewächs

Merkmale: ausdauernd, weiße Blüten in zusammengesetzter Dolde, 5 Blütenblätter, oft rosa, Randblüten vergrößert, zahlreiche Hüllblättchen, Stengel gefurcht, borstig behaart, Blätter gelappt bis gefiedert, Höhe 30–200 cm. **Blütezeit:** VI–X. **Standort:** Mähwiesen. **Besonderheit:** alte Heilpflanze, stickstoffanzeigend.

Gesehen am:

Ort:

Fieberklee

Menyanthes trifoliata Enziangewächs; **R** ⚠

Merkmale: ausdauernde Pflanze, Blüte weißrosa mit 5zipfligen, am Rand stark fransigen Blütenblättern, 5–20 Blüten zu Traube, ragt aus dem Wasser, Blätter dick, 3teilig, groß, grundständig, Höhe: 15–30 cm. **Blütezeit:** V–VI. **Standort:** saure, nasse Wiesen, Flachmoore, bis 2300 m. **Besonderheit:** Heilpflanze.

Gesehen am:

Ort:

Gänseblümchen

Bellis perennis Korbblütler

Merkmale: ausdauernde Rosettenpflanze, Blüten zu einzelnen Körbchen, weißliche Zungenblüten, gelbe Röhrenblüten, Stengel behaart, grundständige Blätter, gestielt, verkehrt-eiförmig, gekerbt, Höhe 3–10 cm. **Blütezeit:** II–XI. **Standort:** Wiesen, Weiden, Wegränder; sehr häufig. **Besonderheit:** alte Heilpflanze.

Gesehen am:

Ort:

Margerite

Leucanthemum vulgare Korbblütler

Merkmale: ausdauernde Pflanze, weiße Zungenblüten und gelbe Röhrenblüten zu einzelnen Körbchen, langgestielt, Stengelblätter lanzettlich, Grundblätter gestielt, am Rand gekerbt, Höhe 30–60 cm. **Blütezeit:** V–X. **Standort:** Wiesen, lichte Wälder.

Gesehen am:

Ort:

Trichterlilie

Paradisia liliastrum Liliengewächs; ⚠

Merkmale: ausdauernd, einkeimblättrig, Pfahlwurzel, weiß, 6 Blütenblätter am Ende zu schmaler Röhre, zwittrig, 2–7 Blüten zu einseitswendiger Traube, Blätter grasartig zu Rosette, Höhe 30–50 cm. **Blütezeit:** VI–VII. **Standort:** Wiesen, Trockenrasen; selten.

Gesehen am:

Ort:

Frühlingsknotenblume

Leucojum vernum Amaryllisgewächs; † ⚠

Merkmale: einkeimblättrige Pflanze, Blüten meist einzeln, 6 Blütenblätter gleichartig, mit grüner Spitze, 6 Staubblätter, Fruchtknoten unterständig, Blätter schmal, fleischig, Höhe 10–30 cm. **Blütezeit:** II–IV. **Standort:** feuchte Wälder, Wiesen; sehr selten.

Gesehen am:

Ort:

Weiße Narzisse

Narcissus radiiflorus Amaryllisgewächs; † ⚠

Merkmale: einkeimblättriges, zwittriges Zwiebelgewächs, Blüte weiß, einzeln, langgestielt, 6 Kronblätter flach ausgebreitet, zu Blütenröhre verwachsen, gelbe Nebenkrone mit rötlichem Saum, Blätter grasartig, meist 4 pro Zwiebel, Höhe 20–30 cm. **Blütezeit:** III–V. **Standort:** Wiesen, Flachmoore.

Gesehen am:

Ort:

Sumpfwurz

Epipactis palustris Orchideengewächs; ⚠

Merkmale: ausdauernde, einkeimblättrige Pflanze, ungespornte Lippe in 2 Teilen, weiß, hinten rot geadert, äußere Blütenblätter grünbraun, 8–20 leicht hängende Blüten, zu lockerer Traube, Fruchtknoten nicht verdreht, Blätter lanzettlich, Höhe 30–50 cm. **Blütezeit:** VI–VIII. **Standort:** nasse Wiesen, Flachmoore.

Gesehen am:

Ort:

Sumpfdotterblume

Caltha palustris Hahnenfußgewächs; †

Merkmale: ausdauernde Pflanze, Blüten aus 5 gelben Kelchblättern, glänzend, hohler Stengel, Blätter oben sitzend, sonst langgestielt, breit herzförmig, gekerbt oder gesägt, Höhe 15–50 cm. **Blütezeit:** III–IV. **Standort:** nasse Wiesen, Bachränder, Auwälder.

Gesehen am:

Ort:

Scharbockskraut

Ranunculus ficaria Hahnenfußgewächs; †

Merkmale: ausdauernd, 8–12 glänzende, gelbe Honigblätter, 3–7 Kelchblätter, Stengel niederliegend, hohl, Blätter herzförmig, gekerbt, in den Blattachseln oft Brutknöllchen (vegetative Vermehrung), Höhe 5–20 cm. **Blütezeit:** III–V. **Standort:** Auen, feuchte Parks.

Gesehen am:

Ort:

Scharfer Hahnenfuß

Ranunculus acer Hahnenfußgewächs; †

Merkmale: ausdauernde Pflanze, goldgelbe Blüten in lockerer Rispe, Kelchblätter aufrecht, behaart, Stengel glatt, untere Blätter handförmig, 5–7teilig, Höhe 30–100 cm. **Blütezeit:** V–VII. **Standort:** Wiesen, feuchte, lehmige Böden; häufig.

Gesehen am:

Ort:

Gänsefingerkraut

Potentilla anserina Rosengewächs

Merkmale: ausdauernd, zwittrig, 5zählige, gelbe Einzelblüten, langgestielt, Kelchblätter spitz, behaart, gleich lang, kriechender Stengel, an den Knoten wurzelnd, Blätter gefiedert, lang, Teilblättchen gesägt, behaart auf der Unterseite, Höhe 15 cm. **Blütezeit:** V–IX. **Standort:** Weiden, Wegränder, Ödplätze. **Besonderheit:** Heilpflanze.

Gesehen am:

Ort:

Hufeisenklee

Hippocrepis comosa Schmetterlingsblütler

Merkmale: ausdauernde Pflanze, gelbe Blüte in Fahne, Flügel, Schiffchen gegliedert, 9 + 1 Staubblätter in Röhre, 4–8 Blüten zu Dolde, gefiederte Blätter mit 9–15 Teilblättchen, langgestielt, Höhe 8–30 cm. **Blütezeit:** V–VII. **Standort:** Trockenrasen, Wegränder.

Gesehen am:

Ort:

Gewöhnliches Sonnenröschen

Helianthemum nummularium Zistrosengewächs

Merkmale: verholzter Halbstrauch, gelb, Blüten in einseitswendigen Trauben, zahlreiche Staubblätter, Kelchblätter oft rötlich gestreift, Blätter ledrig, Rand nach unten eingerollt, gegenständig, bewimpert, Höhe 15–30 cm. **Blütezeit:** VII–X. **Standort:** Halbtrockenrasen, Trockenrasen.

Gesehen am:

Ort:

Wiesenschlüsselblume

Primula veris (P. officinalis) Primelgewächs; ⚠

Merkmale: ausdauernde, zwittrige Rosettenpflanze, gelb, Blüten in langstieliger, einseitswendiger Dolde, duftend, 5zählig, am Grund zu Röhre, Kronzipfel ausgebreitet, Kelch verwachsen mit 5 Zähnen, behaart, Blätter dunkelgrün, runzlig, behaart, Höhe 15–30 cm. **Blütezeit:** IV–V. **Standort:** trockene Wiesen, Gebüsch. **Besonderheit:** alte Heilpflanze.

Gesehen am:

Ort:

Hohe Schlüsselblume

Primula elatior Primelgewächs; ⚠

Merkmale: ausdauernde, zwittrige Rosettenpflanze, hellgelb, nicht duftend, große 5zipflige Blüte, Kronlappen größer als P. veris, Kelch verwachsen, 5zipflig, Blätter in Rosetten, behaart; Höhe 15—30 cm. **Blütezeit:** IV—V. **Standort:** feuchte Wiesen und Wälder. **Besonderheit:** Heilpflanze.

Gesehen am:

Ort:

Großblütige Königskerze

Verbascum densiflorum Braunwurzgewächs

Merkmale: zweijährige Pflanze, 5 Blütenblätter, gelbe Blüten in dichter, drüsig behaarter Traube, wohlriechend, Blätter beiderseits gelbfilzig behaart, herablaufend, Höhe 80–200 cm. **Blütezeit:** VII–IX. **Standort:** Bahndämme, Kahlschläge, Bergwiesen, wärmeliebend. **Besonderheit:** Heilpflanze.

Gesehen am:

Ort:

Karlszepter

Pedicularis sceptrum-carolinum

Braunwurzgewächs; † R ⚠

Merkmale: ausdauernd, hellgelbe Blüten in lockerer Traube, Schlund geschlossen, Unterlippe mit rotem Rand, Blätter gefiedert, Fiedern länglich gekerbt, Höhe 20–80 cm. **Blütezeit:** VI–VIII. **Standort:** Flachmoore.

Gesehen am:

Ort:

Großer Klappertopf

Rhinantus serotinus Braunwurzgewächs; †

Merkmale: einjähriger Halbschmarotzer, Blüten verwachsen mit gekrümmter Blütenröhre, gelb, Zähne der Oberlippe violett, einzelne Blüten in Blattachseln, 4kantiger Stengel, gezähnte, gegenständige Blätter, Höhe 30—60 cm. **Blütezeit:** V—VII. **Standort:** nährstoffreiche, feuchte Wiesen.

Gesehen am:

Ort:

Wiesenbocksbart

Tragopogon pratensis Korbblütler; †

Merkmale: zweijährig, gelbe Zungenblüten zu Körbchen, äußere Zungenblüten verlängert, Fruchtknoten mit Haarkrone, Blätter stengelumfassend, lang-linear, Höhe 30—60 cm. **Blütezeit:** V—VII. **Standort:** Wiesen; häufig. **Besonderheit:** schließt Blüte gegen 14 Uhr.

Gesehen am:

Ort:

Löwenzahn

Taraxacum officinalis Korbblütler

Merkmale: ausdauernde Rosettenpflanze, gelbe Zungenblüten zu einzelnen Köpfen, Fruchtknoten mit Haarkrone, Stengel glatt, mit weißem Milchsaft, grundständige Blätter, unterschiedlich gesägt, Höhe 10–60 cm. **Blütezeit:** IV–VI. **Standort:** Wiesen, Äcker; stickstoffliebend, häufig. **Besonderheit:** Heilpflanze.

Gesehen am:

Ort:

Haartragendes Habichtskraut

Hieratium intybaceum Korbblütler

Merkmale: ausdauernd, hellgelbe Zungenblüten, äußere Zungenblüten etwas länger, bis 2 cm lange Hülle, Blätter lanzettlich, gezähnt, ganze Pflanze drüsig-klebrig, riecht unangenehm, Höhe 25–40 cm. **Blütezeit:** VII–IX. **Standort:** hochalpine Rasen.

Gesehen am:

Ort:

Goldstern

Gagea pratensis Liliengewächs

Merkmale: ausdauerndes Zwiebelgewächs, 1–5 gelbe Blüten zu Trugdolde, 6 Kronblätter, 6 Staubblätter, oberständiger Fruchtknoten, 2 schmale Hochblätter, unteres Blatt länger als der Blütenstand, 1 grundständiges Blatt, Höhe 6–20 cm. **Blütezeit:** III–V. **Standort:** Wiesen, Äcker, Weinberge.

Gesehen am:

Ort:

Sommer-Adonisröschen

Adonis aestivalis Hahnenfußgewächs; † **R**

Merkmale: einjährig, rot, 5–8 Kronblätter, am Grund mit schwarzem Fleck, Kelch kahl, 5 Kelchblätter, einzelne, langgestielte Blüten, Blätter mehrfach gefiedert, Höhe 30–50 cm. **Blütezeit:** V–VI. **Standort:** Unkraut auf Getreideäckern.

Gesehen am:

Ort:

Klatschmohn

Papaver rhoeas Mohngewächs; †

Merkmale: ein- bis zweijährige Pflanze, 4 rote Kronblätter mit schwarzem Fleck, Einzelblüten, Knospen nickend, borstig behaarte Kelchblätter, fallen zur Blüte ab, viele Staubblätter, kugelige Kapsel, borstiger Stengel, Blätter fiedrig, ganze Pflanze mit weißem Milchsaft, Höhe 30—80 cm. **Blütezeit:** V—VII. **Standort:** Magerwiesen, Getreidefelder, Schutt.

Gesehen am:

Ort:

Bach-Nelkenwurz

Geum rivale Rosengewächs

Merkmale: ausdauernd, zwittrig, mehrere nickende Blüten an behaartem Stengel, Blütenblätter verkehrt herzförmig, außen rosa, innen weißgelblich, Kelchblätter lanzettlich, Blätter gefiedert, untere Blätter langstielig, mit meist 3teiligem Endblättchen, Höhe 20–60 cm. **Blütezeit:** V–VI. **Standort:** feuchte Wiesen, Bachränder.

Gesehen am:

Ort:

Wiesenklee

Trifolium pratense Schmetterlingsblütler

Merkmale: ausdauernde, eiweißreiche Pflanze, kleine rote Blüten, zygomorph, meist zu 2 kugeligen Blütenköpfen pro Stengel, haariger Kelch, Blätter 3teilig, grünweiß, Nebenblätter scharf zugespitzt, Höhe 15—30 cm. **Blütezeit:** V—X. **Standort:** nährstoffreiche Wiesen.

Gesehen am:

Ort:

Blutweiderich

Lythrum salicaria Weiderichgewächs

Merkmale: ausdauernd, rot, Blüte 5 Blütenblätter, Blüten zu Ähre, dort in Quirlen angeordnet, Stengel aufrecht, 4kantig, Blätter gekreuzt gegenständig, lanzettlich spitz, Grundblätter abgerundet, Höhe 60–160 cm. **Blütezeit:** VII–IX. **Standort:** nasse Wiesen, Ufer. **Besonderheit:** 3 verschiedene Blütentypen, um Selbstbefruchtung zu verhindern. Heilpflanze.

Gesehen am:

Ort:

Steinnelke

Dianthus sylvestris Nelkengewächs

Merkmale: ausdauernd, zwittrig, rosa bis rot, Blüten einzeln, langgestielt, 5 Blütenblätter, vorne gezähnt, Kelch verwachsen, Stengel in Nodien und Internodien gegliedert, Stengelblätter lanzettlich, Grundblätter in Rosetten, Höhe 10–60 cm. **Blütezeit:** VI–IX. **Standort:** Wiesen, Matten, Weiden.

Gesehen am:

Ort:

Prachtnelke

Dianthus superbus Nelkengewächs; **R**

Merkmale: ausdauernd, 5 rote Blütenblätter, bis weit über die Mitte geschlitzt, Kelch am Grund mit 2 Paar schuppenartigen Hochblättern, Blätter gekreuzt gegenständig, Höhe 30–100 cm. **Blütezeit:** VI–X. **Standort:** feuchte Wiesen.

Gesehen am:

Ort:

Rote Lichtnelke

Silene dioica

Nelkengewächs

Merkmale: einjährig bis ausdauernd, zweihäusig, weich behaart, rote, eingeschlechtliche Blüten, 5 Kronblätter, zweispaltig mit Schlundschuppe, Blüten zu lockerer Rispe, gegenständige Blätter, Höhe 30–100 cm. **Blütezeit:** IV–VIII. **Standort:** feuchte Wiesen, Auwälder; Nässeanzeiger.

Gesehen am:

Ort:

Kuckuckslichtnelke

Lychnis flos-cuculi Nelkengewächs

Merkmale: ausdauernd, rote, 5 tief 4spaltige Kronblätter, Blüten in Trugdolde, Stengel in Nodien und Internodien, Stengelblätter gegenständig, untere Blätter spaltig, Höhe 30–80 cm. **Standort:** feuchte Wiesen, Flachmoore.

Gesehen am:

Ort:

Pechnelke

Lychnis viscaria Nelkengewächs

Merkmale: ausdauernd, rot, Blüten in Rispen, zweiteilige Schlundschuppe, Blätter gegenständig, lanzettlich, spitz, Stengel unter den Knoten klebrig, Höhe 15–50 cm. **Blütezeit:** V–VI. **Standort:** Trockenwiesen, Heiden; Anzeiger für trockenen, sandigen Boden.

Gesehen am:

Ort:

Wiesenknöterich

Polygonum bistorta Knöterichgewächs

Merkmale: ausdauernde Pflanze, rosa bis rot, Krone 5zipflig, ährenartiger Blütenstand, Staubblätter an langen Staubfäden, Blätter stengelumfassend (lange Nebenblattscheide), länglich, eiförmig, dicke, schlangenförmig gekrümmte Wurzel, Höhe 30–90 cm. **Blütezeit:** V–VIII. **Standort:** feuchte Wiesen, Almmatten; Nässeanzeiger. **Besonderheit:** Heilpflanze.

Gesehen am:

Ort:

Mehlprimel

Primula farinosa Primelgewächs; **R** ⚠

Merkmale: ausdauernde Rosettenpflanze, zwittrig, 5 rosa Blütenblätter, zu kurzer Röhre verwachsen, Schlund gelb, verwachsener Kelch, gleich lang wie die Blütenröhre, Stengel bemehlt, Blätter grundständig, unterseits dick bemehlt, Rand gekerbt, Höhe 5—20 cm. **Blütezeit:** V—VIII. **Standort:** feuchte Wiesen.

Gesehen am:

Ort:

Klebriger Lein

Linum viscosum Leingewächs; **R**

Merkmale: 5 rosa Kronblätter, endständige Blüten, Kelchblätter am Rand drüsig, Blätter wechselständig, lanzettlich, 3–5nervig, am Rand drüsig behaart, Höhe 40–60 cm. **Blütezeit:** V–VII. **Standort:** Trockenrasen.

Gesehen am:

Ort:

Ackerwachtelweizen

Melampyrum arvense Braunwurzgewächs; †

Merkmale: einjähriger Halbschmarotzer, Hochblätter purpurrot, Blüten purpur mit gelben oder weißen Flecken, gelbliche Röhre, zu dichter Ähre, Blätter lanzettlich, spitz, gezähnt, auch ganzrandig, Höhe 10–30 cm. **Blütezeit:** V–VI. **Standort:** Unkraut auf Getreidefeldern.

Gesehen am:

Ort:

Sommerwurz

Orobanche gracilis Sommerwurzgewächs

Merkmale: einjähriger bis ausdauernder Schmarotzer, Blüte innen blutrot, außen wachs- bis goldgelb, glockig, leicht gebogen, drüsig behaart, Blüten in dichten Ähren mit spitzen Tragblättern, Blätter schuppenartig, Höhe 40—60 cm. **Blütezeit:** V—VIII. **Standort:** Magerwiesen, Triften.

Gesehen am:

Ort:

Wiesenflockenblume

Centaurea jacea Korbblütler

Merkmale: ausdauernde, aufrechte Pflanze, rote Korbblüte aus Röhrenblüten, Randblüten vergrößert, Hüllschuppen trockenhäutig, hellbraun, Stengel mit ungeteilten Blättern, Grundblätter buchtig-fiedrig, Höhe 30—100 cm. **Blütezeit:** VI—X. **Standort:** Wiesen, Halbtrockenrasen; sehr häufig.

Gesehen am:

Ort:

Rote Pestwurz

Petasites hybridus Korbblütler

Merkmale: ausdauernde Pflanze, rötlich, ausschließlich Röhrenblüten, mehrere Köpfe zu Traube zusammengesetzt, Blüte entsteht vor den Blättern, Blätter bis 1 m lang und 60 cm breit, nierenförmig, mit basalem Lappen und gezähntem Rand, Höhe 60–120 cm. **Blütezeit:** III–V. **Standort:** nasse Wiesen und Ufer.

Gesehen am:

Ort:

Herbstzeitlose

Colchicum autumnale Liliengewächs; † ⚠

Merkmale: ausdauernde, einkeimblättrige Pflanze, 6 rosa bis rote Kronblätter, zur Röhre verwachsen (weißlicher „Stiel"), Einzelblüten mit 6 Staubblättern, 3 Griffel, zur Blütezeit ohne Blätter, im Frühjahr fleischige, tulpenähnliche Blätter, umgeben die Fruchtkapseln, Höhe 5—20 cm. **Blütezeit:** VIII—X. **Standort:** feuchte Wiesen, Auwälder. **Besonderheit:** Heilpflanze.

Gesehen am:

Ort:

Feuerlilie

Lilium bulbiferum Liliengewächs; **R** ⚠

Merkmale: ausdauernde, einkeimblättrige Zwiebelpflanze, orangerot, 6 Blütenblätter mit dunklen Flecken im Innern, 6 Staubblätter mit langen Staubfäden, einzelne Blüten oder doldige Blütenstände, Blätter schmal, spiralig stehend, Höhe 30–90 cm. **Blütezeit:** VI–VIII. **Standort:** Wiesen, Matten, Geröll.

Gesehen am:

Ort:

Geflecktes Knabenkraut

Orchis maculata Orchideengewächs; ⚠

Merkmale: einkeimblättrige, ausdauernde, aufrechte Pflanze, zwittrig, viele rosarote Blüten zu ovaler Ähre, Einzelblüte mit purpurroten Strichen, Flecken und Bögen, besonders Unterlippe, Sporn, Stengel hellgrün, gerippt, Knolle, Blätter gefleckt, Höhe bis 60 cm. **Blütezeit:** V–VI. **Standort:** Wiesen, Halbtrockenrasen. **Besonderheit:** Heilpflanze.

Gesehen am:

Ort:

Breitblättriges Knabenkraut

Dactylorhiza majalis Orchideengewächs; **R** ⚠

Merkmale: ausdauernde, aufrechte Pflanze, einkeimblättrig, zwittrig, Blüte rosarot bis purpurrot, Blütenlippe breit und deutlich ausgeprägt gestaltet, Lippenzeichnung in Schleifenform, Sporn abwärts gerichtet, Blüten zu Ähre, Stengel kantig mit Hohlräumen, Blätter kräftig, mit rotbraunen Flecken, zugespitzt, Knolle, Höhe 25–30 cm. **Blütezeit:** V–VI. **Standort:** Flachmoore, nasse Wiesen.

Gesehen am:

Ort:

Gemeine Akelei

Aquilegia vulgaris Hahnenfußgewächs; ⚠

Merkmale: ausdauernde Pflanze, zwittrig, blau, nickende Einzelblüten, 5 waagrechte Hüllblätter, 5 nach hinten aufgebogene, spornförmige Nektarblätter, Staubblätter ragen nur wenig aus der Blüte, obere Blätter 3lappig, untere doppelt 3teilig gefiederte Blätter, Höhe 30–80 cm. **Blütezeit:** V–VII. **Standort:** lichte Wälder, Gebüsche, Hänge, Wiesen, Kalk. **Besonderheit:** alte Heilpflanze.

Gesehen am:

Ort:

Ackerrittersporn

Consolida regalis Hahnenfußgewächs; †

Merkmale: einjährig, dunkelblaue, langgespornte Blüten in lockerer Traube, 5 Kronblätter verwachsen, schmale 3zählige Blätter mit 2–3zählig geteilten Blättchen, Höhe 15–50 cm. **Blütezeit:** V–VIII. **Standort:** Schuttplätze, Wegraine.

Gesehen am:

Ort:

Wiesen-Storchschnabel

Geranium pratense Storchschnabelgewächs

Merkmale: ausdauernd, 5 blaue bis blauviolette Kronblätter, verkehrt eiförmig, 10 Staubblätter, oberständiger Fruchtknoten, Blätter langgestielt, 5–7 fiederspaltige, gezähnte Abschnitte, ganze Pflanze borstig behaart, Höhe 30–60 cm. **Blütezeit:** VI–IX. **Standort:** Wiesen, Bachufer. **Vorkommen:** in Mitteleuropa teilweise selten oder fehlend.

Gesehen am:

Ort:

Kreuzblümchen

Polygala amarella Kreuzblümchengewächs

Merkmale: ausdauernde Rosettenpflanze, zwittrig, blau bis blaßblau, Blüte in Traube, klein, Blätter verkehrt eiförmig, größer als die Stengelblätter, Höhe 5—15 cm. **Blütezeit:** V—VI. **Standort:** nasse Wiesen, Wegränder. **Besonderheit:** alte Heilpflanze.

Gesehen am:

Ort:

Sumpf-Vergißmeinnicht

Myosotis palustris Borretschgewächs

Merkmale: ausdauernd, ganze Pflanze behaart, 5 blaue, flach ausgebreitete Kronblätter, gelber Schlund, Kelch anliegend behaart, Knospen rosa, kantiger Stengel, sitzende, längliche Blätter, ganzrandig, Höhe 15–40 cm. **Blütezeit:** V–X. **Standort:** nasses Gelände, Wiesen; Nässeanzeiger.

Gesehen am:

Ort:

Natternkopf

Echium vulgare Borretschgewächs

Merkmale: zweijährig, Blüte anfangs rötlich, später blau, zweiseitig symmetrische Blüte, Kelch bis an den Grund geteilt, Blätter lanzettlich, ganze Pflanze stechend behaart, Höhe 30–120 cm. **Blütezeit:** VI–IX. **Standort:** Schutt, Bahndämme, Wegraine.

Gesehen am:

Ort:

Pfirsichblättrige Glockenblume

Campanula persicifolia Glockenblumengewächs

Merkmale: blaue, weitglockige Blüten, zu einseitswendiger Traube, schmale Kelchzipfel, Stengelblätter schmal, Grundblätter länglich-eiförmig, gesägt, Höhe 70–100 cm. **Blütezeit:** IV–IX. **Standort:** lichte Wälder, Waldwiesen, Waldränder.

Gesehen am:

Ort:

Knäuelglockenblume

Campanula glomerata Glockenblumengewächs

Merkmale: ausdauernde, zwittrige Pflanze, glockige Blüten am Stengelende, in den Blattachseln gehäuft, blau, Grundblätter gerundet, Rhizom, Höhe 15–70 cm. **Blütezeit:** V–IX. **Standort:** Waldränder, Wiesen, Matten, 1000–1300 m.

Gesehen am:

Ort:

Bärtige Glockenblume

Campanula barbata Glockenblumengewächs

Merkmale: ausdauernde Rosettenstaude, zwittrig, glockige, blaue, selten weiße Blütenkrone, am inneren Rand behaart, in Trauben, grundständige Blätter, schmal, Rhizom, Höhe 10–30 cm. **Blütezeit:** VI–VIII. **Standort:** Wiesen, Wälder, 1000–3000 m. **Verbreitung:** Alpen, Karpaten; häufig.

Gesehen am:

Ort:

Kugelige Teufelskralle

Phyteuma orbiculare Glockenblumengewächs

Merkmale: verwachsenblättrige, zweijährige Pflanze, hellblau-violett, viele Einzelblüten zu endständigem Köpfchen, Griffel ragt aus der Blüte, schmale Stengelblätter, obere sitzend, gestielte, eiförmige Grundblätter, Höhe 10–40 cm. **Blütezeit:** V–IX. **Standort:** Matten, lichte Wälder.

Gesehen am:

Ort:

Ährige Teufelskralle

Phyteuma palustris Glockenblumengewächs

Merkmale: ausdauernd, blau oder weiß, ähriger Blütenstand, Kronblätter an der Spitze verwachsen, schmale Stengelblätter, Grundblätter herzförmig, doppelt gesägt, Höhe 30—100 cm. **Blütezeit:** V—VII. **Standort:** Gebüsch, Laubwälder, Bergwiesen.

Gesehen am:

Ort:

Echte Küchenschelle

Pulsatilla vulgaris Hahnenfußgewächs; † R ⚠

Merkmale: ausdauernd, blauviolett, 6 Kronblätter, außen dicht behaart, Blüten mehr oder weniger aufrecht, glockig, am Stengel haariger, vielzipfliger Hochblattquirl, Blätter 2–3fiedrig, behaart, Höhe 5–40 cm. **Blütezeit:** III–V. **Standort:** Trockenrasen, Halbtrockenrasen.

Gesehen am:

Ort:

Akeleiblättrige Wiesenraute

Thalictrum aquilegifolium Hahnenfußgewächs

Merkmale: ausdauernd, Blüten in Trugdolden, verliert rasch die Blütenblätter, violette Staubfäden, Blätter gefiedert, wechselständig, muschelförmige Nebenblätter, Höhe 50–150 cm. **Blütezeit:** V–VI. **Standort:** feuchte Wiesen, Flachmoore, Auen.

Gesehen am:

Ort:

Wohlriechendes Veilchen

Viola odorata Veilchengewächs

Merkmale: ausdauernde, stark duftende Rosettenpflanze, mit Ausläufern, dunkelviolette Blüte, langgespornt, Blätter ei- bis nierenförmig, fein behaart, gekerbt, 2 schuppenförmige Vorblätter, Höhe 1–10 cm. **Blütezeit:** III–IV. **Standort:** Wegränder, Trockenwälder. **Besonderheit:** alte Heilpflanze.

Gesehen am:

Ort:

Wiesenschaumkraut

Cardamine pratensis Kreuzblütler

Merkmale: ausdauernd, weiß, rosa oder zartviolett, 4zählige Blüten in Trauben, 4 lange und 2 kurze Staubfäden, Stengel rund und hohl, Stengelblätter gefiedert, Grundblätter in Rosette mit rundlichen Fiederblättern, lange Schoten, Höhe 10–40 cm. **Blütezeit:** IV–VI. **Standort:** feuchte Wiesen, Moore, Auen.

Gesehen am:

Ort:

Wiesensalbei

Salvia pratensis Lippenblütler

Merkmale: ausdauernde Pflanze, blauviolette Blüten in Scheinquirlen, Hochblätter, Stengel vierkantig, Stengelblätter sitzend, klein, Grundblätter gestielt, unregelmäßig gekerbt oder gezähnt, ganze Pflanze borstig behaart, Höhe 20—60 cm. **Blütezeit:** V—VII. **Standort:** Wiesen, trokkene Rasen.

Gesehen am:

Ort:

Fettkraut

Pinguicula vulgaris Wasserschlauchgewächs; ⚠

Merkmale: ausdauernde, insektenfressende Pflanze, blauviolette, gespornte Einzelblüte, Unterlippe weiß gefleckt, Blätter in Rosetten, grundständig, gelblich, elliptisch, ganzrandig, nach innen eingerollt, drüsig, Höhe 5–15 cm. **Standort:** feuchte Wiesen, Moore, Quellfluren. **Vorkommen:** Flachland.

Gesehen am:

Ort:

Wiesenglockenblume

Campanula patula Glockenblumengewächs

Merkmale: einjährige oder zweijährige Pflanze, Blüte glokkig, bis zur Mitte geschlitzt, blauviolett, Blüten in lockeren Rispen, leicht nickend, Stengelblätter lanzettlich, sitzend, Grundblätter verkehrt eiförmig, Höhe 30–60 cm. **Blütezeit:** V–VII. **Standort:** Wiesen, Wegränder.

Gesehen am:

Ort:

Frühlingskrokus

Crocus albiflorus Schwertliliengewächs

Merkmale: einkeimblättrig, 6 Kronblätter am Grund zu Röhre verwachsen, gelbe dreilappige Narbe, unterständiger Fruchtknoten unmittelbar über der Knolle im Boden, weiß, violett, weißviolett, Blätter grasartig, eingerollt, weißer Mittelstreifen, Höhe 8—14 cm. **Blütezeit:** III—V. **Standort:** nährstoffreiche Wiesen und Weiden, 800—2700 m.

Gesehen am:

Ort:

Schmalblättriges Wollgras

Eriophorum angustifolium Sauer-, Riedgräser

Merkmale: ausdauernd, einkeimblättrig, kriechendes Rhizom, 3–7 zwittrige Ährchen zu weißer Ähre, Stengel rund, schmale Blätter an Spitze dreikantig, Höhe 20–60 cm. **Blütezeit:** IV–VIII. **Standort:** Moore, Sümpfe.

Gesehen am:

Ort:

Frauenmantel

Alchemilla vulgaris Rosengewächs

Merkmale: ausdauernde Pflanze, grüne Blüten, nur aus Kelchblättern, in endständiger Rispe, Blätter rundlich, gezähnt, gefaltet, 7–9teilig, Höhe 15–50 cm. **Blütezeit:** V–X. **Standort:** feuchte Wiesen; häufig. **Besonderheit:** Heilkraut.

Gesehen am:

Ort:

Breitblättriger Wegerich

Plantago major Wegerichgewächs

Merkmale: ausdauernd, unscheinbare Blüten zu Ähre, Staubbeutel violett bis gelblich, 4teilige Krone gelblichweiß, Blätter in Rosette, breiteiförmig bis elliptisch, langgestielt, 5–9 Parallelnerven, Höhe 5–30 cm. **Blütezeit:** VI–X. **Standort:** Weiden, Wiesen, Wegränder. **Besonderheit:** Heilpflanze.

Gesehen am:

Ort:

Spitzwegerich

Plantago lanceolata Wegerichgewächs

Merkmale: ausdauernd, unscheinbare bräunliche Blüte, 4 Kelchblätter, lange Staubfäden mit gelblichen Staubblättern, Stengel gefurcht, Blätter in Rosetten, schmallanzettlich, 5–7 Parallelnerven, Höhe 10–40 cm. **Blütezeit:** IV–X. **Standort:** Wiesen, Weiden, Wegränder. **Besonderheit:** alte Heilpflanze.

Gesehen am:

Ort:

Großer Wiesenknopf

Sanguisorba officinalis Rosengewächs

Merkmale: ausdauernd, zwittrig, Blütenköpfe braun bis dunkelrot, 4 Staubgefäße, 1 Griffel, Blätter unpaarig gefiedert, grob gezähnt, Höhe 60–150 cm. **Blütezeit:** VI–VIII. **Standort:** feuchte Wiesen, Flachmoore. **Besonderheit:** alte Heilpflanze.

Gesehen am:

Ort:

Register

Deutsche Namen:

Register

Wissenschaftliche Namen:

NATUR

SEHEN & VERSTEHEN

Ihr handliches Begleitbuch
zum Beobachten
und Bestimmen

KOMPASS-Naturführer

1500 Natur-KOMPASS
1100 Alpenblumen
1101 Alpentiere
1102 Wiesenblumen
1103 Pilze
1104 Singvögel
1105 Heilpflanzen
1106 Mineralien
1107 Haustiere-Heimtiere
1108 Küstenvögel
1109 Schmetterlinge